奇怪的天气

关于天气的50个秘密

［西］托马斯·莫利纳　著　［西］罗杰·西莫　绘

王思雯　译

海豚出版社
DOLPHIN BOOKS
CIPG
中国国际出版集团

LLLL institut ramon llull　特别感谢拉蒙·鲁尔研究所对本书插图费的资助。

看看天空你就能享受气象学带来的乐趣！

也能满足你对天气的秘密的好奇心！

目录

气象学指南

雾是由什么构成的？

雾是由小水珠构成的，但是雾并不是飘浮在天空中，而是贴近地面，像是接近地面的云。

你在雾里待过吗？

你可能真的在雾里待过。在爬山的时候，你会感觉到雾在你的周围，这样你就**在不知不觉中身处雾中了**。但是如果你继续往上爬，雾就会沉到你的脚下。

你知道吗？

如果你在开车的时候遇到大雾，你就需要打开雾灯。雾灯会聚焦在地面，而不会像普通的大灯那样聚焦在前方。如果你只开普通的大灯，会难以看清路况，容易发生交通事故。所以，雾天开车时，一定要打开雾灯。

150分贝

100分贝

90分贝

130分贝

110分贝

轰隆隆

为什么雷会产生噪音？

雷是闪电的声音，那么闪电的电是引起雷声的原因吗？没错！但是声音的来源是哪里呢？其实，我们看到一道闪电从天上劈下来，实际上是电从云中通过一条非常狭窄的通道落向地面。

当闪电从空气中通过时，闪电的电力会将空气过度加热，产生冲击，冲击的声音就是雷声。这就好像通过一条电线的电力超过电线的可承受范围，电线就会过度发热，甚至"放屁"！被过度加热的空气受到闪电电力的冲击会爆炸，发出阵阵雷声。

你知道为什么我们先看到闪电，然后才听到雷声吗？

原因在于速度：光传播的速度很快，可以达到300,000千米每秒，但是声音传播的速度慢一些，每秒只能传播340米。因此，我们先看到闪电，然后才听到雷声。

你知道吗？

一架商用飞机的速度可以达到1000千米每小时，大约和声音传播的速度一样。但是光的传播速度约是声音传播速度的88万倍！

4

闪电会燃烧吗？

尽管闪电看起来就像巨大的火焰一样，但是它不会燃烧。然而，闪电带有非常强大的电流，还可以将电流传输给接触到的物体或动物和人的身上！

如果闪电击中了田野中的一棵树，有时会把这棵树劈开，从头到脚留下一道焦痕。由于树干通常被雨淋湿，所以电流只会通过潮湿的树皮，而不会杀死树木。你如果看到带有一条垂直伤口的树——这巨大的伤疤就是大树被闪电击中的痕迹：闪电给树留下了自己的印记。

然而，如果闪电击中了房屋，电流会试图通过墙上的电线流向室内，由于其强度实在太大，一些导电力差的电线无法承受，就容易导致电线短路并发生爆炸。

风暴是如何形成的?

风暴是强烈的天气系统过境时出现的天气现象,经常伴随着闪电、雷鸣和降雨。它经常在连续几天不下雨且湿度很低的晴天形成。因为这时的空气中充满电力,是形成风暴最好的条件。当空气中积攒的电力超过了自身的负荷量,就会通过降雨、闪电和雷鸣的方式将这些电力释放出来。

风暴中的电是由风接触地面形成的。风和地面之间的摩擦会导致电荷跳到大气中,就像用圆珠笔摩擦毛衣时会产生静电一样。这样,电荷逐渐在大气中积累,与云中的水滴结合。在云的内部,正电荷和负电荷是分开的:正电荷和较小较冷的水滴结合在一起,堆积在云的顶部;负电荷和较大较热的水滴结合,由于它们的重量更大,停留在云的底部。

当云中充满水和电荷时,地面的正电荷会吸引这些电荷,地面就像一块磁铁一样,直到云层底部的负电荷和水滴与地面的正电荷之间的吸引力大到云无法留住其中的所有电荷……闪电、雷声和大雨就要出现了!

为什么有人害怕风暴？

如果仔细想想，这也很正常：风暴是制造电的**大型机器**和制造强光的工厂……它强大到会吓到任何人！

风暴制造的电力强大至极，用我们身边的例子来对比一下，你就会大概明白它有多强大：大部分家用电器用4安培的电力就可以正常运作，一道闪电的电力可以达到10,000安培，产生的电压为200,000伏特，而家用电器需要的电压大概是闪电的千分之一（通常是220伏特）。因此，一道闪电的电力可以为**整个街区供电**！风暴有这么强大的力量，让我们害怕也是正常的。

什么是球状闪电？

你已经知道了风暴中有电力，而这些电力可以产生闪电。如果闪电的电力并不是很强，无法到达地面的话，它就可能会飘浮在天空中，形成一个带电荷的荧光球，这就是我们所说的闪电球，或是球状闪电。

另外，球状闪电也会发出噪音，但这种噪音并不是雷，而是持续的嗡嗡声，就像是闪电里面有一群愤怒的蜜蜂一样。不过，球状闪电至今仍然是个科学谜团，很难有人真正捕捉到它的影像，所以即使你看到了能持续发出嗡嗡声的荧光球，也不一定是球状闪电。

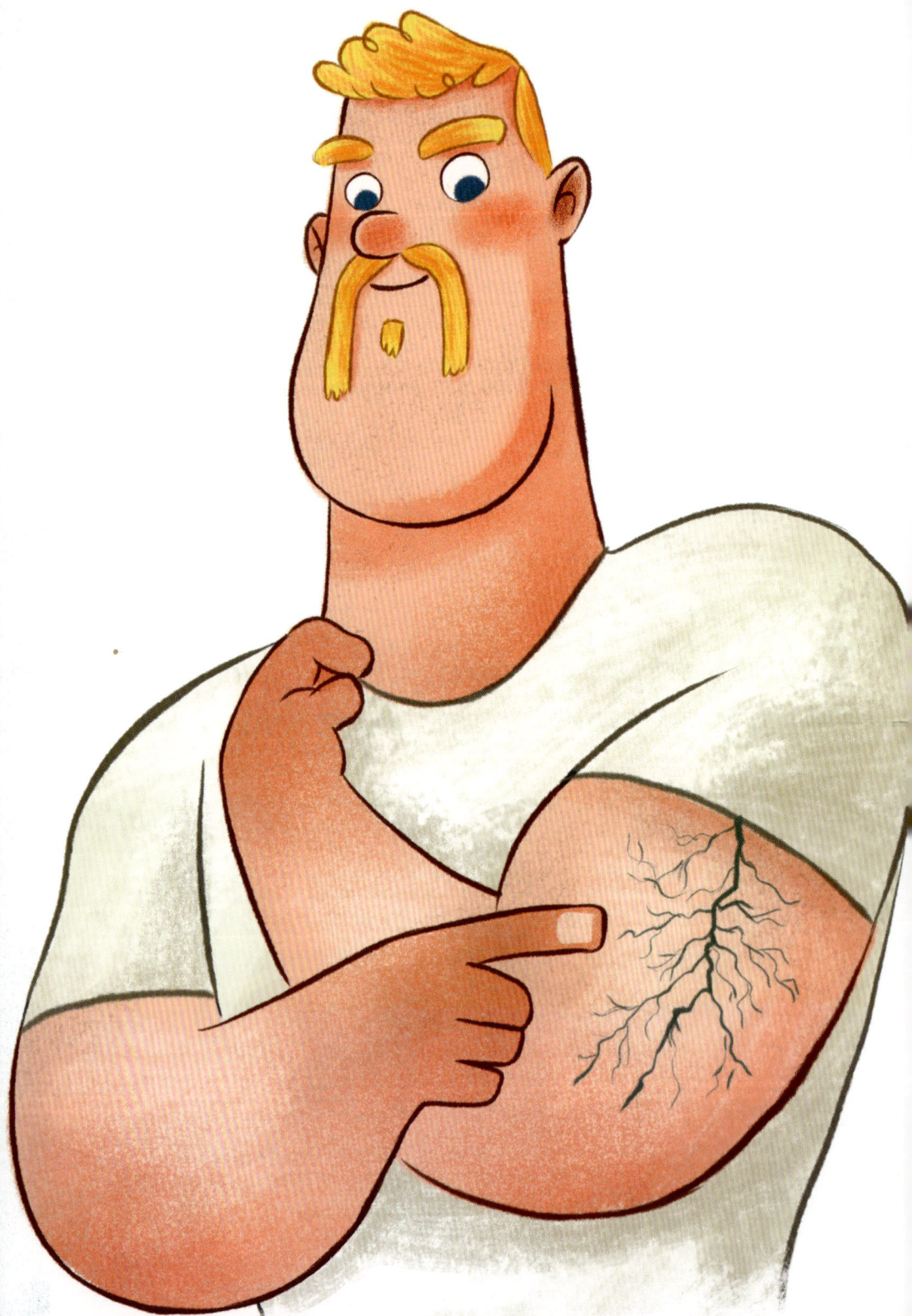

如果闪电碰到你，会给你留下"文身"吗？

被闪电碰到的话，会在皮肤上留下像蛛网一样的痕迹，看起来就像是文身一样。

但是这种"文身"会随着时间的流逝逐渐消失，因为它并不是文上去的，而是由靠近皮肤表面的小静脉形成的。当闪电碰到你时它就会中断，因为血液是电流很好的通道。

你注意到了吗?闪电有先导,就是最亮的那条,它最有可能会到达地面,而其他分支则会由风暴源头一直向下分叉至很远的地方。

其他较弱的闪电被我们称为末支闪电。虽然它们看起来很接近地面，但是并不可怕：它们强度有限，并不是很危险。不过，无论闪电是强是弱，我们都要尽量避免被它们碰到！

你知道吗?

你是否看到过这样一段视频：国际赛场上，一群足球运动员在一场暴风雨中踢球，突然全都倒在了地上。发生这种情况是因为末支闪电碰到了他们，由于这种闪电的强度较小，所以他们只是暂时昏过去了而已，不用担心，这种情况大多时候并不是很严重。

为什么有时候会下泥雨?

有时候会下泥雨，是因为我们周围的空气中充满了灰尘。就像我们会洗澡一样，空气也会利用雨水进行自我净化。

中国西北部有广阔的戈壁沙漠，风让这个地区的空气中充满了悬浮的灰尘。如果风从这里吹起，风中的沙子都会随着一起移动到其他地方，当下雨的时候，它就会和雨滴混合，变成泥水。这就是汽车、屋顶和墙壁会变得泥泞的原因。

如果雨很小，那么这种现象就会更加明显，因为凝附沙子的雨滴落下后，并没有足够干净的雨水来清洁泥水留下的痕迹，以至于到处都脏兮兮的。

小知识

戈壁沙漠一望无际，强风来临时，会使沙浪移动得非常快，从而形成沙尘暴。

14

怎么才能知道会不会下泥雨？

在中国，泥雨中的泥沙主要来自西北风带来的西北部戈壁沙漠中的沙尘等固体颗粒物。这些泥沙加上冷空气与来自太平洋的暖锋带来的丰沛的水气的交汇，就是形成泥雨的充足条件了！

每当快下泥雨时，我们会感觉到气温突然上升，天空在正午也会变成黄色或红色。这个时候，我们会感到有些闷。如果出现这些现象，那么很快就要下泥雨了。

小知识

气压计是用于测量大气压力的设备。它将测量结果绘制在一张纸上，其图形就像是心电图或是测谎仪上的波动一样。

"血雨"和泥雨有什么关系吗?

当然有关系了!但是不要害怕这个称呼,"血雨"并不是真正的血。所谓的"血雨",实际上是一种泥雨,因为雨滴中带有微红色的泥土,所以看起来就像是血一样。

你在滑雪的时候,有没有看到过雪地上有一层红色的雪,就像是蛋糕的涂层一样?发生这种情况,是因为"血雨"落在了雪上,将它的表面染成了红色。

我们已经说过,"血雨"有像血液一样的颜色,因为它携带的灰尘是红色的。由于风中携带的沙子有不同的类型,所以泥雨的颜色会有不同,不过大多数是土黄色的。

泥雨通常会在平均每平方米留下5克沙子。你知道这意味着什么吗?

这意味着,如果整个北京地区下起泥雨,会降下大约8.2万吨来自西北部戈壁沙漠的灰尘!

会下青蛙的雨真的存在吗？

你能否想象，当你走在路上时，天上突然下起青蛙雨来呢？这种现象真的可能会发生，并不是神话。当然，天上落下的并不是大青蛙，而是小小的青蛙。

想要看到青蛙雨，需要满足以下条件：

首先，要有足够强的对流天气，还要带有小型龙卷风或旋风，可以将青蛙吸进风暴里。

其次，要有青蛙才行！

最后，你所处的位置得和风暴中心得离得很近，才能看到青蛙掉下来。

有可能会下动物雨吗？

有可能的。动物雨除了下青蛙，还可能下其他动物！比如，在沿海地区，很有可能下鱼雨，当沿海地区出现龙卷风的时候，风暴会吸起海水，海洋中可怜的生物们就会在下雨的时候被带到地面上，和青蛙的状况一样。

事实上，在龙卷风很强烈的情况下，不仅可以下鱼雨和青蛙雨，还可能下……牛雨！因为龙卷风吸力很强，它可以吸走牛群、汽车、屋顶甚至人。

大气里没有冰柜，那冰雹是怎么形成的？

当出现风暴的时候，大气里的水分会向两个方向循环：一些以水蒸气的形式上升到云层，一些以雨水的形式下降到地面。

水蒸气在上升过程中逐渐冷却，形成的水滴会慢慢冻结。在云层的最高处，温度可以降到−35℃。比家里的冰柜还要冷！水滴逐渐凝固，变成球形，就像透明的冰球一样，当云升到最高的地方时，会有一层白色的冰覆盖着冻结的水滴，然后它们会开始下降。如果冻结的水滴并不是很重，风就会再次把它升起来，再一次重复同一过程。这个过程会不断重复，直到冻结的水滴变得足够大、足够重，这样风就不能再次把它升起来了，于是它们就会掉向地面，这就是冰雹。

你知道吗？

如果你把一块大冰雹切成两半，就会看到一个同心圆，其中一部分是透明的，另一部分是白色的。你数一下同心圆有几层，就能知道它在风暴中上升和下降了多少次。这个原理就像树木的年轮一样，不过冰雹的分层没有树轮那样明显，小朋友们须得仔细观察才行啊！

为什么有时候会掉下网球那么大的冰雹？

如果暴风雨很强烈，并且地面的风向和高空中的风向差别很大，那么在两股气流汇合的过程中，如果上升气流足够强大，足以支撑冰雹多次翻滚，冰雹就可以变得很大。

要想形成网球大的冰雹需要很大的能量：上升气流必须有很大的力量将这些冰雹托起来，如果气流不能承受这么重的重量，那么重量大的冰雹会从风暴顶部掉下来。有些冰雹能达到半公斤重！如果在你身边发生了这样的状况，你一定会发现的，因为你会听到冰雹掉在物体上产生的声音。

你知道吗？

冰雹的威力很大，如果它们的体积足够大，还有可能会砸坏车辆，不过不要担心，冰雹会越变越小，威力也会越来越小，甚至不需要人特意防护，只需躲在安全的地方就可以了。

体感温度由什么决定？

很多时候我们感觉很热，看看温度计，却发现温度并不是很高。这是怎么回事呢？其实这是体感温度与气温的不同造成的。

热的感觉不仅取决于温度，也取决于湿度。在23℃以上，湿度越大，我们就会感觉越热。

如果湿度很大，我们的汗液就很难蒸发，我们就会感觉更热。

因此，湿气也是让我们感觉热的原因之一。

当温度低时，让我们感觉更冷的原因可能是风。风力越强，我们会感觉越冷。当然，气温和日照也是让体感温度发生变化的原因！

小窍门

怎么应对气温变化大的天气呢？这很简单，我们在穿衣服时可以像洋葱一样——穿很多层！这样我们就可以在需要的时候多穿上一层或者脱掉一层。

云是怎么形成的？

要想知道云是怎么形成的，我们首先要知道云是什么：云是水滴和冰的结合体。因此，云就是水。

水和一切物质一样，可以有三种存在的形式：液体、固体和气体。

在大气循环的最开始，水是以气体的形式存在的，就是水蒸气。它可能来自海洋，会上升到大气中与空气混合。但是，高度越高，大气的温度就会越低，这种温差会使蒸汽改变状态：从气体（蒸汽）变成液体（水）。这些液态水滴积聚在一起，形成团状，这就是云。

如果蒸汽升得更高会怎样？

那么它的周围就会更冷！

小窍门

注意看天上的云，如果它们有很平的底部，并且高度都相同，那么你看到的就是空气中上升的水蒸气遇冷凝结变成水的过程。这些云在未来可以持续变大……之后可能会通过一场大雨将云中的水释放出来。

为什么云会有不同的颜色？

要想了解为什么云的颜色深浅不一，首先要知道，我们在地面上看到的云，其实是我们上方所有云层的集合。

我们看云的时候，看到的实际上是太阳的白光，这白光是构成云的所有水滴对太阳光的反射。如果云中的水分很少，那么太阳光将穿过云层，我们就会看到很浅的白色。然而，当云中有很多水分时，水滴会挤在一起，阻碍太阳光通过，因此我们会看到颜色深一点的云。当云层很厚，带有很多水分时，我们看到的云层就几乎是黑色的。

怎么才能知道云会不会毁了我们去海边或室外游泳池的好天气？

这非常简单：只要观察天空中云的类型就可以。

如果天空中出现各类积云，那么天气可能会变糟。如果天空中出现卷云、层云，那么天气大概率会比较好。我们就可以去海边或者室外游泳池享受好天气了。

9000

5000

3000

云有不同的种类吗？

是的，云有不同的种类，我们通常根据它们所在的高度为它们分类。

云层的高度不同，云的构成就不同，云的种类也会不同：

→ **低层云**：它们在3000米以下的高度，主要由水构成，因此形状更圆一些；低层云上方为白色，下方颜色更深一些。这就是我们看到的像棉花一样的云。

→ **中层云**：它们会更高一些，在5000—9000米的空中，由一半水和一半冰构成。中层云的形状更平整，有时候风让它们看起来像不明飞行物一样！

→ **高层云**：它们在9000米以上的高空，主要由小冰晶构成。它们非常透明，因此即使天空中有很多这种云，依然可以是晴天。

卷云

层云

雨层云

积云

不同的云分别叫什么名字？

→ **积云**：它们是最著名的云层，看起来像棉花一样，通常呈现出很有趣的形状，让我们联想到各种奇妙的动物，你一定画过它们。

→ **积雨云**：当积云不断增加，演变成风暴的时候，则被称为积雨云。

→ **层云**：它们底部平整，常占据大面积的天空。层云和积云一样，通常是低层云。

→ **卷云**：它们是由透明冰晶构成的高层云，从不产生降水。如果卷云的形状是球形的，则被称为**卷积云**。

→ **雨层云**：它们是底部平整的低层云，没有明确的形状，会产生微弱和连续的降水。

你知道吗？

如果一种云可以产生降水，则在名称中有"雨云"这两个字，字面意思就是"会下雨的云"。

怎么才能知道云的移动方向？

这个问题只需要做一个可以重复无数次的小实验就能解答！

首先，选择天空中有很多不同形状的云的一天（你现在已经知道该怎么区分它们了）。将一面很大的穿衣镜放在地面上，观察镜中的天空。接下来，选择一朵云并在镜子上用记号笔将它标记出来（如果你之后还想继续用这面镜子，记得把它擦干净……）。

将镜子留在原处，不要移动它一分一毫。大约十几分钟后，重新标记出你选择的那朵云的位置。将两个标记连成一条线……现在你就知道这朵云所在高度的风向了！

现在重复这个实验，但是选择形状不同的云。这种情况下你会看到，不同的云朵，连线的方向可能不一样。这是因为在每一层大气中，风的方向可能是不一样的，也就是说，不同高度，风向有可能不一样，同时风速也有差异。所以不同的云可能朝着不同的方向前进。现在你知道该怎么观测云的移动方向了吧！

天气图上的"H"和"L"是什么意思？

字母"H"来自英文中的"hight"一词，意思是"高"。用它来指示气压高的区域。

这个字母用来标记空气趋于下降、大气更加稳定的区域。这个区域最有可能的天气是晴天或者有雾，但是几乎不会下雨，换句话说，会有好天气，我们可以制订户外活动计划！

字母"L"来自英文中的"Low"一词，意思是"低"。用它来指示气压低的区域。

看到天气图上标"L"意味着该区域空气有上升的趋势，这会让云层增厚……我们出门时最好带把雨伞，因为这个区域非常可能会出现阴雨天气。

能知道接下来的一天天气如何，并由此制订计划或者在出发之前在包里装什么，是不是很有用？读懂天气图，为第二天的出行做好准备！

气象站里有什么气象仪器？

温度计：它是气象站里最重要的！没有这个仪器，我们就不能知道气温到底是多少。

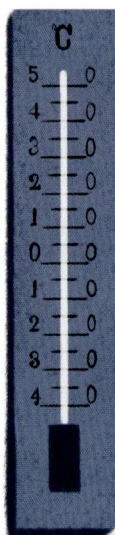

气象百叶箱：为了在全球范围内使用相同的参数计算温度和湿度，要将温度计和湿度计放进气象百叶箱中。气象百叶箱是什么？它是一种特制的箱子，被放置在离地面1.5米的高度，内部让空气可以通过，但是不会被太阳照射到。

湿度计：这是用于测量湿度的设备。

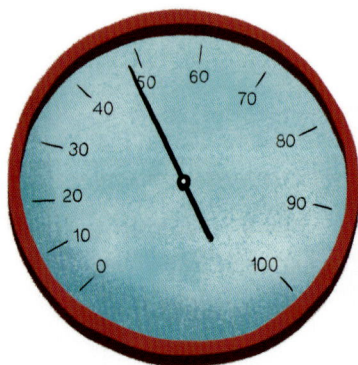

雨量计： 用于测量降雨的多少。它是一个带有标记的装置，通过掉进去的雨滴计算出降水量具体是多少毫米。

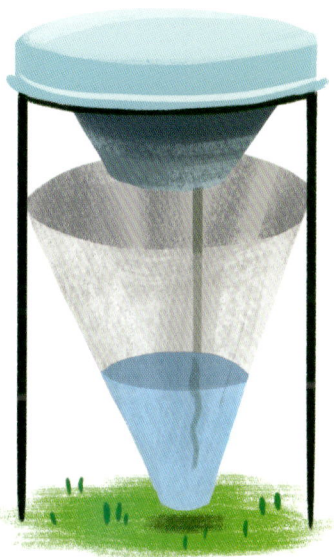

风向仪： 它是用来指示风向的仪器。这种仪器通过箭头被风吹动指示的方向来告诉我们风向。

风速计： 这是一种小锅形状的设备。小锅被风吹动旋转，由此计算出风的速度。通常在离地面10米的高度测量风速。

为什么下雨的时候会有人骨头不舒服？

这一现象和大气压有一定的关系。大气压是空气施加在物体表面或人身上的重量。如果大气压升高，我们周围的空气就会给我们带来更大的负担。而相反，如果气压下降，这种负担就会减轻。

我们周围空气的重量让我们体内的东西不会跑出来，这时我们在环境中达到平衡的状态。我们承受的空气重量大约相当于1立方米的铅块。那么，当大气压下降的时候，我们周围空气重量减轻的时候，会发生什么呢？我们需要对此做出调整，以使内部和外部的空气达到平衡。但是，只有气压发生很大变化或人们在受伤或者骨折的时候，我们才会对这种变化极其敏感，从而感觉到骨头疼痛。

你知道吗？

当你在潜入海水或游泳池中时，耳朵和鼻子会感受到压力。这是因为周围环境给你的压力明显加大，你能够明显感知到。

为什么天气对我们的影响这么大？

在气压较高时，空气的重量会增加，有些人就会感到头疼，因为他们头部承受的重量比平时要大。

另外，空气的湿度对我们的影响也很大。我们是通过汗液来调节体温的，当我们出汗的时候，我们会将热量从体内排出，令身体冷却。如果环境非常潮湿，水分不能蒸发，体温不能下降，我们就会感觉憋得慌。如果湿度很低，往往会使皮肤干燥、口干，甚至会让人心情变差。

看看天气对我们有多大的影响，它甚至会影响我们的心情！

44

动物真的可以预测天气吗？

是的！而且人同样可以预测天气，但是我们的生活内容要比动物复杂很多，我们不仅要工作、学习，还要做其他事情，所以我们通常不会注意到这些细微的感觉。

与人类不同，蚂蚁虽小，却是很好的气象学家。它们可以准确地预测什么时候会下雨！当阴雨天气来临时，大气压力会降低，空气就会从蚁穴中流出。这时候，蚂蚁们会在蚁穴入口筑起比平时高很多的沙丘，保护蚁穴免受水灾。

候鸟，就是那些会根据季节搬家的鸟，它们从不会被风暴困住！因为它们能够探测到空气中压力的变化，甚至电荷的变化。当它们看到云层飘来，就会很快降低飞行高度，到地面躲起来，这样就不会在飞行过程中受到降雨的惊扰了。

当然了，动物只是根据自己的需求掌握一定的天气预测规律，其准确性是无法和现代天气预报相比的，更别说预报时效性长一些的天气了，比如未来三天天气如何。

没有高科技怎么才能预测天气?

你可能听说过,水手和农民总是能够预测天气,虽然他们的预测并不像气象学家那样精确,但是也比较准确。这是为什么呢?因为他们仔细地观察,仔细地感受,用心去记录每一种天气的规律。

预测天气所需要的并不一定是功能强大的仪器,而是观察、感受和记录。如果你仔细观察就会发现,你总能有各种方法来知道什么时间刮风、刮什么风……你只需要用心并按照以下步骤操作:

1.**观察**。仔细观察雨通常从哪个方向来、怎么来,以及带来降雨的云的颜色。如果你用心观察,下一次你就会知道云层里面是不是有雨。

2.**感受**。注意空气中的气味、颜色、温度和风向,这些情况在雨天和晴天肯定会有变化。如果你能感受到这些变化,并且学会将这些情况和它们伴随的变化联系起来,你就能知道接下来的天气会怎样。

3.**记录**。相同的天气往往会重复,如果你记录下某种天气现象(无论是下雨、刮风还是下雪)发生时一定会出现的感受或观察到的现象,你就能在下次发生前预测到。

为什么有时候刮风有时候不刮风？

风是移动的空气（风永远不可能保持不动！），我们正是因为风的移动才能感觉到它的存在。

空气随着大气压力的变化而移动。如果气压升高，空气移动的空间就会减少，因此，就要更快地移动。出于同样的原因，狭窄的小巷中的风通常会比宽阔的大街上的风大：为了调节在较小空间中的空气量，空气就会移动，所以你就会感受到风。相反，在宽阔的街道，因为空间更大，空气不需要移动得那么快，你甚至可能会感受不到风。

小知识

空气像水一样是流体，但是密度并没有水那么大。你可以把它想象成一种非常微弱的液体，覆盖在地球表面。我们知道地球在自转的同时，也在围着太阳公转。因此，地球的一侧是白天，另一侧是黑夜，当北半球是夏天时，南半球是冬天。这也意味着覆盖地球的空气温度会变化，而这一变化会导致空气移动并覆盖任何地方……空气可以随心所欲，去哪里都可以！

50

风如此多变，可以测量吗？

风当然可以被测量了！第一个测量风的人是一位爱尔兰水手，名叫弗朗西斯·蒲福。他在1805年设计了一个通过观察海洋及其周围环境来了解风力强度的等级：蒲福风力等级。

如果海洋水面像镜子，或者树上的树叶一动不动，风就很平静：在蒲福风力等级中不显示。如果海面上出现了没有泡沫的海浪，或者树叶轻微摇摆，那么风力等级就达到了二级。

如果大多数海浪都带有像白点一样的泡沫，就像是海中的一群绵羊，那么这时的风力等级一定已经达到了三级。如果海滩上的海水充满像云一样的泡沫，这时风速可以达到20千米每小时，风力则为四级，这一等级的风在海上被定为危险级。

N
北风

西北风　　　　东北风

W　　　　　　　　　E
西风　　　　　　　东风

西南风　　　　东南风

S
南风

风的名字是从哪里来的？

风的名字是根据风的来向决定的。

南风和北风

北风从北面吹来，它会带来西伯利亚地区寒冷的空气，使天气变冷。

南风是从南面吹来的风，它是温暖的、和煦的。

东风和西风

东风能够带来东部海洋中湿润的空气，也可能带来台风。

西风来自亚欧大陆内部，它十分干燥，有时还会携带很多沙尘。

小知识

风在我们的生活中非常重要，有关风的传说也存在于中国各民族的文化当中。

飞廉是古代传说中的风伯。相传他长着鸟头、鹿身、蛇尾，是蚩尤的部下，还曾在与黄帝的战争中帮助蚩尤作战。

在中国的文学作品中，飞廉也很早就出现了。屈原在《离骚》中曾作"前望舒使先驱兮，后飞廉使奔属"。

谁给台风起的名字？

在世界的任何地方，该地区的气象部门都要负责为台风命名，并预测、追踪它们，从而得知它们会经过的地方，并在必要的时候通知民众。

台风是一种热带低气压，它以117千米每小时以上的速度向前推进，而且会变得越来越强，并携带大量的降水。

如果台风接近或到达地面，那会是非常危险的，因为它引起的洪水和强风可能会摧毁房屋和其他建筑。

当台风很大且造成了很大伤害甚至造成人员伤亡，则它的名字将不会被再次使用；如果没有造成伤亡，则每五六年可以重复使用。

中国大陆曾提供的一些台风名称：

"龙王" "玉兔" "风神"
"杜鹃" "悟空" "海马"
"海神" "海燕" "电母"
"海棠" "白鹿" "木兰"
和"海葵"，其中已退役
的有"龙王""海马"和
"海燕"。

小知识

台风是中国对热带气旋的称呼，在大西洋和东太平洋，它们被称为"飓风"。
但是，对这种现象最有趣的命名，是澳大利亚的某些地区，他们称它为"willy-willies"，意思是"风中之惧"。

空气中的音障是什么?

空气振动的能力也有极限：这个极限就是音障。

空气可以达到的最快速度和声音的传播速度一样，都是340米每秒，也就是1224千米每小时。即使我们可以尽可能地让空气加速，但当它达到这个速度的时候，就像是碰到了一道不能穿透的墙一样，不能更快了。这道墙被称为"音障"。

要想打破音障，需要超过这个速度。如果我们真的这么做，比如通过喷气式飞机穿过这道墙壁，空气就会炸裂，发出强烈的音爆，就像炸弹一样。最有意思的是，如果这种情况发生了，那么你还有另一个壁垒需要打破：声速的每一个倍数（2470千米每小时、3705千米每小时……）就是一个新的壁垒，每当一个新的壁垒被打破的时候，发出的噪音就会更大。

为什么天空是蓝色的？

空气是由许多气体分子组成的，这些分子很小，并且分布在我们周围。这些分子会使太阳光发生散射。

当太阳光进入大气后，空气分子和微粒会将太阳光向四周散射。波长较长的红光等色光透射性最强，能够直接透过大气中的微粒射向地面。而波长教短的蓝、靛、紫色光，很容易被大气散射，所以天空看起来是蓝色的。这个光学现象叫作瑞利散射，是为了纪念发现它的英国物理学家瑞利男爵三世约翰·威廉·斯特拉特，他在1871年发现了这个现象。

为什么有时候天空更白？

答案也和空气中的颗粒物有关。这些颗粒物很小，但它们是决定天空颜色的关键。

当好几天都不下雨时，空气中就会充满微粒（水蒸气、污染物、灰尘……），空气的湿度也很高。由于飘浮在空气中的分子大小不同（但都比氮分子和氧分子大），因此当光接触到它们时，它们会振动并且发出不同的颜色，这种效应是由德国物理学家古斯塔夫·米在1908年发现的，被称为 **米氏散射**。

那么当所有颜色叠加在一起，会出现什么颜色呢？答案是 **白色！**

为什么在不同时间，天空的颜色不同？

要回答这个问题，我们先要记住地球是圆的。当我们处于夜晚时，地球的另一端是白天。白天尤其是中午阳光强烈，波长较长的红色等色光透过大气射向地面，而波长较短的蓝色光会发生瑞利散射，因此我们白天看到的天空常常是蓝色的。

另外，空气中的污染程度如何，飘浮的颗粒物多少，污染物的种类，也都会影响到天空的颜色。还有，清晨和傍晚的时候，太阳照射角度很低了，在这种条件下，光要长距离穿过大气层，通过瑞利散射的作用，波长更长的红黄光更容易穿透而被看到，所以天空的颜色也就以红色和橙色为主。

为什么会出现彩虹？

彩虹的出现属于一种被称为"光的折射"的光学现象。

光的折射?这是什么意思?

折射是光线在通过空气表面时所经历的轨迹变化。太阳折射在太阳光线碰到雨滴时发生。光线到达水滴后，会穿过水滴并从另一边散出。当光线发生折射或反射现象时，会在天空中形成拱形的七彩光谱：最深的是紫色，然后是靛色、蓝色、绿色、黄色、橙色、最后是红色，这是我们在天空中看到的彩虹。

因此，当太阳光遇到雨滴时，一部分光线从雨滴上折射和反射，就在天上画出了一道彩虹。

小知识

你有没有注意过一杯水里的勺子？它看起来是不是像被折断或弯曲了一样？这种现象也是由光的折射造成的。

为什么彩虹有时会更明显？

这完全取决于阳光下雨滴的大小。

如果阳光下的雨滴很小，彩虹的颜色就会很微弱、很暗淡，散发出柔和的色彩。但如果阳光下的雨滴很大，彩虹的颜色就会看起来很强、很明亮。

什么时候可以看到这种差异？

举个例子，一场大暴雨过后，如果出现彩虹，那么它看起来将会很清晰。相反，如果你在雾天看到彩虹，由于水滴很小，彩虹看起来就会很模糊，颜色很淡，就像是用墨水快用完的彩笔涂的一样。雾天是很难看到彩虹的。

月光下也会出现彩虹吗？

彩虹出现的条件：太阳光和雨水结合。

月亮反射的太阳光不足以穿透水滴和冰。因此，月光下的彩虹并不是五颜六色、色彩鲜亮的，而是一道微弱的白色弧光。在非常明亮的月夜，有时会出现环状的月晕，这是一种光学效应，好像闪光的指环一样，闪耀着光，出现在月亮周围。

另外，尽管并不常见，但其实月晕也是有颜色的！月晕通常是内部呈红色，外部呈绿色或蓝色，但大多数情况下只是白色的。

我们可以到达彩虹的源头吗？

在西班牙有一个传说，在每道彩虹的两端各有一个装满金币的锅，而彩虹是由太阳光照射到锅上反射形成的。很多人试图去寻找这一宝藏，但这仅仅是个神话。

如果你接近彩虹，就会发现彩虹总是会躲开你。你继续向彩虹方向走去，好像马上就要到彩虹边上了一样……但是这是不可能的！因为当你到彩虹边上，彩虹就消失了。

可以自制彩虹吗？

当然可以了！

首先我们要拿一条水管，让水呈雾状喷出，像飘浮在大气中的灰尘一样。或者也可以通过用手指覆盖住水管上的孔，让水以很大的压力喷射，让喷出来的水像散落的雨雾一样。

这时候，如果我们看着水管中喷出的水，就能看到彩虹了。

气象学
指南

怎么才能知道会不会下雨？

如果你看到一大片底部清晰的乌云在靠近，像是海浪一样，则距离下雨还有一点时间，但也不要因此放松警惕，因为这种状况可能会突然改变。

如果你看到云的底部像被一层纱覆盖着，那么很快就会下雨了。

如果你看到一层灰色的"窗帘"从云层垂下，让你看不清楚云的样子，那么赶紧打开雨伞吧：马上就要下一场大雨了！

怎么才能知道会不会有暴雨？

观察天空，仔细听，用心感受！

如果你听到打雷声，那么一场暴雨可能马上就要到了，因为携带雨水的云层距离你所在的位置可能已经不足五千米了。如果你看到闪电的光照亮云层，那么暴雨过一段时间才会到，因为它的高度在五千米以上。

你感受到会改变强度和方向的大风了吗？如果有这样的大风出现，那么不到几分钟，暴雨就要到了。

看看正在靠近你的云，是不是看起来很暗，像是危险地悬挂着的袋子？这种云被称为"乳状云"，如果你看到它们，那么马上就要下一场大雨了！如果你看到云呈弧形，那么一场强降雨将要来临。如果前面有一朵奇怪的云，看起来像个架子一样，那么强风就要来了！

我们能预测冰雹吗？

如果天空中的云是积雨云，那么第一个可能会下冰雹的迹象就已经出现了。

然后要考虑最近几天的天气是否非常炎热潮湿，因为这是形成冰雹的另一个必要条件。

如果云层顶部很亮，像是被切过一样，那么冰雹已经距离我们很近了。

如果云层顶部出现闪亮的"光头"，同时上面带着一层纱（我们称它为"幞状云"），那么就可以肯定：降水中会带有冰雹，也可能伴随着其他剧烈的天气现象。

小知识

当你看到一块比鸡蛋还要大的冰雹时，一定要小心，并且要赶紧找一个有足够坚固的屏障的地方躲避。因为一块鸡蛋大小的冰雹重几百克，能够对人造成很大的伤害！

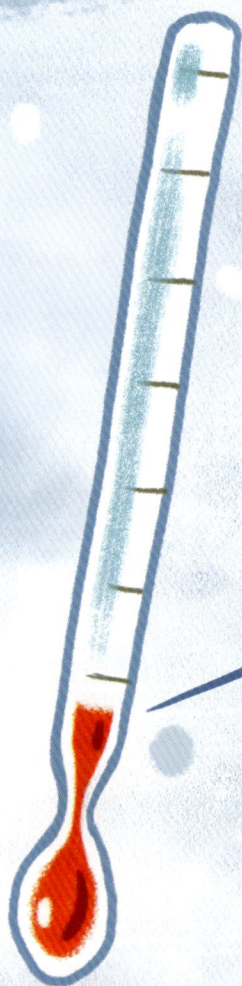

怎么预测会不会下雪？

想要下雪的话，气温需要到0℃以下，但是特殊情况下，气温在3℃时就可以下雪了。

雪花飘落的速度很慢，从离开云层到到达地面有时候要花上10分钟的时间。如果你仔细观察，就会有足够的时间发现下雪的天气要来了。

要想预测是否会下雪，需要仔细观察头顶的云。如果云有具体的形状，那么就还没开始下雪，而且在接下来的几分钟内也不会下雪。然而，如果云的底部模糊，而且平滑，天空是白色的，好像被一层纱覆盖着，同时气温在3℃以下，那么很快就要下雪啦！

小窍门

如果你去爬山，突然刮起了大风，而且有雪花落下，除了雪花外，还有冰球掉落，那么你一定要赶紧下山。像这种在大风中降雪的情况，被称为"雪暴"，而雪暴天气很可能会发生危险！

怎么才能知道风暴是在离自己近的地方还是远的地方？

要想知道风暴的远近，首先要计算从你看到闪电到听到雷声之间的时间。每三秒钟的时间差，需要计算一千米的距离。这样，如果闪电和雷声间隔九秒，那么闪电距离你三千米远，风暴和你的距离也差不多同样远。

你想知道在心中默数秒数，既不会太快也不会太慢的窍门吗？

你可以这样数：一匹河马，两匹河马，三匹河马……每三匹河马，计算一千米的距离。

如果你发现闪电和雷声之间间隔的时间越来越短，说明风暴在向你靠近。当闪电和雷声之间间隔六秒（或者"六匹河马"）时，说明它马上就要到你头顶了！在闪电劈下来的前几秒钟，这个区域的电力会增强，你可能会听到一种嗡嗡声，好像有一群蜜蜂在向你靠近。

当心！

遇到风暴天气，如果你没来得及躲起来，那么你需要做到以下几点来防止遭到雷击：

→ 把你身上的金属物体扔得远远的。

→ 弯曲身体并抱住膝盖，就像你要变成滚起来的球一样，尽可能地靠近地面。

→ 避免比周围物体高。

在采取这些防护措施后，保持不动，等待风暴离开。

如果正在下雨，该怎么知道雨会继续下还是很快就会停？

要想知道雨会一直下，还是很快会停，要看雨滴是怎么掉下来的。如果雨滴在水坑中起泡，那么这场雨很可能会继续下更长的时间，因为这意味着雨滴很大，云中携带着大量的雨水。但是如果没有气泡，那真是好消息！因为这意味着雨滴很小，雨很快就会停。

当然，另一种知道降雨是否会持续的方法是观察天空。下雨的时候我们看不到云，只能看到一层雾蒙蒙的东西，那是从云层中掉下来的水滴。如果重新看到清晰的云层，那就意味着云层中的水分很少了，因此雨很快就会停。

怎么才能知道是龙卷风来了还是击暴流来了？

如果你看到携带着沙石的风暴靠近，那意味着更强烈的天气现象将会产生。其中一种可能性是龙卷风来了，龙卷风是在云层悬挂的巨大旋涡，风速可以达到400千米每小时，比F1赛车的速度还要快！

另一种可能性是击暴流要来了。它是从云层底部冒出的狂风，可能持续几分钟，在这期间它会摧毁一切它接触到的物体。

怎么才能知道上述两种天气现象是否在靠近？

注意观察云层是否变得垂直，像一面巨大的墙一样。如果天空变得昏暗，一部分云开始旋转，并且云层底部逐渐形成漏斗状的飘浮物……那么赶快躲起来！因为龙卷风或击暴流要来了！

龙卷风来的时候，最好躲在哪里？

龙卷风来袭的时候，不要躲在汽车或者房车里。因为这个时候，不能被风移动的地方才是安全的避难场所。

最好的避难场所是一个没有窗户或玻璃的地方，因为大风会让窗户上的玻璃都碎掉。如果这些碎片碰到你，会对你造成伤害。所以，合适的避难场所是只有一扇门通向外界的地下室、朝内的底层房间，掩蔽的地方、有坚固墙壁的地方也是躲避龙卷风的好去处。如果你在家中躲避龙卷风，记得把自己藏在家具下面，并用毯子、床垫、枕头把自己掩盖起来……

如果你在户外，一定要远离那些会被大风折断并吹走的东西，因为龙卷风带来的最大伤害并不是把你吹走，而是它吹起来的物体可能会碰到你，对你造成伤害！

为什么下雪并不一定会掉雪花？什么是雨夹雪？

雪的类型取决于云层的温度，如果我们能在云层中放个温度计，就能预测出会下什么类型的雪。

如果云层中的温度低于0℃，就会掉下普通的雪花。空气中的水分越多，雪花就会越厚。然而，如果云层底部的温度略高于0℃，掉下来的雪花的形状就会变圆，像白色的冰球一样。

最后，如果地面和云层之间的温度在3℃左右，你就会看到所谓的雨夹雪，也就是雪球或者冰球和雨滴的混合物。

雨滴掉到地上真的可能会结冰吗？

是真的！有的雨滴一掉到地上就会结冰。这种天气现象叫作冻雨，英文名称是freezing rain。

如果地面温度在0℃以下，而云层的温度更高，在0℃以上，那么云层中的雪在降落的过程中会融化，在接触到地面的时候又会立刻冻结。

如果你看到冻雨，请一定要小心，因为这个时候地面上覆盖着一层冰，会非常滑，可能会让你摔倒。除此之外，汽车也会打滑，树枝也可能有断裂的可能……所以这时候最好还是待在室内！

冻雨是气象学中最奇怪、最危险的现象之一，但也是最美丽的现象之一。就像龙卷风一样，虽然看起来十分震撼，但最好还是离它远远的为妙。

图书在版编目（CIP）数据

奇怪的天气：关于天气的50个秘密 / (西) 托马斯
·莫利纳著；(西) 罗杰·西莫绘；王思雯译. —— 北京：
海豚出版社, 2021.9
ISBN 978-7-5110-5727-3

Ⅰ.①奇… Ⅱ.①托… ②罗… ③王… Ⅲ.①气象学
－儿童读物 Ⅳ.①P4－49

中国版本图书馆CIP数据核字(2021)第149002号

著作权合同登记号：图字01-2020-7308

Original title: Meteocuriositats
© 2020, Tomàs Molina
© 2020, Roger Simó, for the illustrations
© 2020, Penguin Random House Grupo Editorial Travessera de Gràcia, 47–49, Barcelona 08021, Spain
The simplified Chinese translation rights arranged through Rightol Media. （本书中文简体版权经由锐拓
传媒旗下小锐取得 Email:copyright@rightol.com ）

奇怪的天气：关于天气的50个秘密

〔西〕托马斯·莫利纳　著　　〔西〕罗杰·西莫　绘　　王思雯　译

出 版 人	王　磊
策　　划	张越佳
责任编辑	李文静　张　镛
装帧设计	杨西霞
责任印制	于浩杰　蔡　丽
内容顾问	卞　赟
法律顾问	中咨律师事务所　殷斌律师
出　　版	海豚出版社
地　　址	北京市西城区百万庄大街24号
邮　　编	100037
电　　话	010 - 68325006（销售）　010 - 68996147（总编室）
印　　刷	河北环京美印刷有限公司
经　　销	新华书店及网络书店
开　　本	710mm×1000mm　1/16
印　　张	6
字　　数	56千字
印　　数	5000
版　　次	2021年9月第1版　2021年9月第1次印刷
标准书号	ISBN 978-7-5110-5727-3
定　　价	58.00元